河南省工程建设标准

工程结构物拆除施工安全技术规程

Technical specification for demolish safety of civil engineering structures

DBJ41/T176－2017

主编单位:河南省建设集团有限公司
　　　　　中建八局第一建设有限公司
批准单位:河南省住房和城乡建设厅
施行日期:2017 年 10 月 1 日

黄河水利出版社

2017　郑州

图书在版编目(CIP)数据

工程结构物拆除施工安全技术规程/河南省建设集团有限公司,中建八局第一建设有限公司主编. —郑州:黄河水利出版社,2017.9

ISBN 978 – 7 – 5509 – 1856 – 6

Ⅰ.①工… Ⅱ.①河… ②中… Ⅲ.①建筑物 – 拆除 – 工程施工 – 安全技术 – 技术规范 Ⅳ.①TU746.5 – 65

中国版本图书馆 CIP 数据核字(2017)第 232937 号

出 版 社:黄河水利出版社
　　　　　地址:河南省郑州市顺河路黄委会综合楼 14 层　邮政编码:450003
发行单位:黄河水利出版社
　　　　　发行部电话:0371 – 66026940、66020550、66028024、66022620(传真)
　　　　　E-mail:hhslcbs@126.com
承印单位:河南新华印刷集团有限公司
开本:850 mm × 1 168 mm　1/32
印张:1.75
字数:44 千字　　　　　　　　　　印数:1—2 000
版次:2017 年 9 月第 1 版　　　　　印次:2017 年 9 月第 1 次印刷

定价:30.00 元

河南省住房和城乡建设厅文件

河南省住房和城乡建设厅关于
发布河南省工程建设标准《工程结构物
拆除施工安全技术规程》的通知

各省辖市、省直管县(市)住房和城乡建设局(委),郑州航空港经济综合实验区市政建设环保局,各有关单位:

由河南省建设集团有限公司、中建八局第一建设有限公司主编的《工程结构物拆除施工安全技术规程》已通过评审,现批准为我省工程建设地方标准,编号为 DBJ41/T176 – 2017,自 2017 年 10 月 1 日起在我省施行。

此标准由河南省住房和城乡建设厅负责管理,技术解释由河南省建设集团有限公司、中建八局第一建设有限公司负责。

河南省住房和城乡建设厅

2017 年 7 月 28 日

前　言

根据《河南省住房和城乡建设厅〈关于印发 2016 年度河南省工程建设标准制订修订计划的通知〉》(豫建设标〔2016〕18 号)的要求,《工程结构物拆除施工安全技术规程》由河南省建设集团有限公司和中建八局第一建设有限公司主编,郑州大学等单位共同参编。

本规程遵照国家相关法律法规,基于参编单位的现场实验、理论研究、专利技术等研究成果,参考我国现行规范,在广泛征求设计、施工、监理、管理部门意见的基础上,结合河南省施工技术水平编制。

本规程共分 8 章和 2 个附录,包括总则、术语和符号、基本规定、建筑工程拆除施工、市政工程拆除施工、构筑物拆除施工、拆除施工安全组织和文明施工与环境保护,以及附录 A、附录 B。

本规程由河南省住房和城乡建设厅负责管理,由河南省建设集团有限公司和中建八局第一建设有限公司负责具体内容的解释。在执行过程中如有意见和建议,请反馈到河南省建设集团有限公司(地址:河南省郑州市金水东路 85 号雅宝东方国际广场 3 号楼 17 层,电话:0371 - 55358900,E-mail:hpcgc@126. com)。

本规程参编单位:河南省建设集团有限公司
　　　　　　　　中建八局第一建设有限公司
本规程参编单位:郑州大学
　　　　　　　　中国河南国际合作集团有限公司
　　　　　　　　河南省五建建设集团有限公司
　　　　　　　　恒兴建设集团有限公司

河南省建设工程设计有限责任公司

河南省信人造价咨询有限公司

本规程主要起草人：张　维　李永明　张作旺　宋建学

程　建　董文祥　于　科　何　伟

葛　晶　王希河　唐　太　朱利军

马丽霞　王素勤　潘子贞　赵　颖

乔文庆　尚永刚　周丽娜　刘伟超

张　伟　郑金旭　石保平　张爱军

王立方　孙志滨　魏　蒙　刘　清

王一中　李桂娟　邢　炜　郑秋爽

吴昱龙　孙新宇　王正磊　翟　青

马淑霞　李一妍　张　帆　张世轩

本规程主要审查人：胡伦坚　牛福增　巴松涛　郑传昌

高振波　雷　霆　刘振东

目　次

1　总　　则

1.0.1　为了在工程结构物拆除施工过程中,做到施工安全、技术可靠,并控制对工程周边干扰,保护环境,制定本规程。

1.0.2　本规程适用于房屋建筑与市政基础设施(不含铁路上方跨线桥梁等)工程结构物人工配合机械拆除施工,不适用于爆破拆除施工。

1.0.3　工程结构物的拆除施工,除应执行本规程的规定外,还应符合国家现行有关标准的规定。

2 术语和符号

2.1 术 语

2.1.1 工程结构物 civil engineering structures

本规程中特指房屋建筑与市政基础设施(不含铁路上方跨线桥梁等)。

2.1.2 高风险拆除工程 high risk demolish operation

高风险拆除工程包括以下四类:

(1)桥梁、高架路、烟囱、水塔或拆除中容易引起有毒有害气(液)体或粉尘扩散、易燃易爆事故发生的特殊建筑物、构筑物的拆除工程。

(2)可能影响行人、交通、电力设施、通信设施或其他建筑物、构筑物安全的拆除工程。

(3)文物保护建筑、优秀历史建筑或历史文化风貌区控制范围的拆除工程。

(4)超高层建筑、邻近敏感区的建筑。

2.1.3 硬隔离 hard guardrail

在临边位置处设置的具有一定刚度的隔离防护措施。

2.1.4 工装件 work fixture

进行局部拆除时,用来固定和吊装拆除构件的组合装配件,拆卸方便,安全性高,拆除前工装件的选用要满足承载力要求。

2.1.5 静力拆除 static demolition

避免对其余结构造成损坏,采用水钻或绳锯等静力拆除工具进行切割拆除的技术,也称作无损拆除技术,是一种环保、高效、安全的施工技术。

2.1.6 静力破碎 static crush

利用静力破碎剂水化反应时自身体积膨胀产生的膨胀压力将物体破坏的一种既安全又无公害的破碎方法。

2.1.7 直接拆除法 direct demolition

对结构不采取加固措施(支撑架等)的情况下,采用人工、机械进行直接破除的施工方法。

2.1.8 支撑拆除法 support demolition

在上部结构下侧搭设支撑架,采用人工、机械进行破除或者静力切割设备对结构进行解体的施工方法。

2.1.9 吊装拆除法 hoisting demolition

通过解除(改变)原结构体系(连续缝、湿接缝、铰缝、横向联系、吊杆、系杆),然后采用切割及吊装设备分节段或构件(单梁、单板)逐一吊装拆除的施工方法。

2.1.10 缓冲垫层 cushion

采用整体倾倒法拆除时,为控制工程结构物倾倒时对地面及周边环境的冲击力而设置的砂、砖渣、土堤或草垫等松散或柔性材料垫层。

2.2 符　号

2.2.1 材料性能和抗力

E——钢材的弹性模量;

f——钢材的强度设计值;

R——结构构件的承载力设计值。

2.2.2 几何参数

A_c——截面的净截面面积;

A—— 截面的毛截面面积；

λ——长细比；

φ——杆件的稳定系数；

i—— 截面回转半径。

3 基本规定

3.0.1 建设单位应将拆除工程发包给具有相应资质等级的施工单位。

3.0.2 建设单位应当在拆除工程施工前,将下列资料报送建设工程所在地的县级以上地方人民政府建设行政主管部门或者其他有关部门备案:

    1 施工单位资质等级证明。

    2 拟拆除建筑物、构筑物及可能危及毗邻建筑的说明。

    3 拆除施工组织方案及相应计算书。

    4 堆放、清除废弃物的措施。

3.0.3 拆除文物、历史建筑和历史文化街区范围内工程结构物时,应报经文化、规划部门批准。

3.0.4 施工单位从事工程结构物拆除施工,应具备国家规定的注册资本、专业技术人员、技术装备和安全生产等条件,依法取得相应等级的资质证书,并在其资质等级许可的范围内承揽工程。

3.0.5 施工单位应针对拆除工程编制专项施工方案,明确安全技术措施和施工现场临时用电措施,并附具安全验算结果,经施工单位技术负责人、总监理工程师签字后实施,由专职安全生产管理人员进行现场监督。

3.0.6 高风险拆除工程的安全专项施工方案应经专家论证,并在拆除施工过程中进行第三方安全监测(监测报表格式见附录 B)。

3.0.7 工程结构物拆除施工应采取措施,控制噪声和扬尘,避免废弃物污染环境,实现绿色施工。

4 建筑工程拆除施工

4.1 一般规定

4.1.1 建筑工程拆除施工,应遵循先拆除非承重构件、再拆除承重构件的原则,从上至下、逐层分段进行,不得垂直交叉作业。

4.1.2 局部拆除工程,应先对非拆除部分结构采取保护措施后再进行拆除施工。

4.1.3 拆除施工前应先将门窗、吊顶等附属构件拆除,避免施工过程中脱落伤人。

4.1.4 室内装饰性面层拆除宜采用人工和机械配合拆除,遵循从上到下的原则进行施工,边拆除边清运。

4.1.5 在拟拆除楼层的下一层楼(地)面宜搭设落料架,并在其顶部设置双层竹笆防护,落料架外围周边宜采取硬隔离,避免落物伤人。

4.1.6 悬挑构件拆除前应采取必要的支顶措施,并按照从外向内、由上而下的顺序拆除,在切断支撑前应采取有效的防坠落措施。

4.1.7 预应力悬挑结构,在切割预应力钢筋前应在构件端部设置安全挡板,避免预应力卸载后锚具及钢绞线弹出伤人。

4.1.8 拆除施工过程中,垃圾的清理宜与拆除施工合理搭配,拆除区域的垂直下方不得进行垃圾清理工作。

4.1.9 拆除下来的垃圾不得集中堆放在楼板上,钢筋与混凝土的分离工作在满足运输条件的情况下,不宜在楼层面和施工场地内进行。

4.2 砌体结构拆除施工

4.2.1 砌体结构拆除应按楼板、圈梁、过梁、构造柱的顺序依次进行。

4.2.2 拆除施工前应搭设楼层边沿安全防护栏杆、临边洞口安全栏杆及外围防护脚手架等防护结构，且防护结构验收合格后方可进行拆除施工。

4.2.3 砌体墙体拆除时，不得采用墙根掏掘或直接推倒的方法，而应从墙体顶部向底部逐层拆除，拆下的块材应轻拿轻放，定点堆放，严禁抛掷。因特殊情况需采用直接推倒法时，除主体结构应进行安全防护外，必须符合下列要求：

    1 掏掘墙根的深度不得超过墙厚的 1/3。当墙厚度小于 2.5 砖时，不得进行掏掘。

    2 推倒前应发出信号，待全体人员撤离到安全部位后，方可进行。

4.2.4 建筑外墙拆除时应由外向内进行拆除。在阳台处应先拆除墙体，再拆除阳台栏板。

4.2.5 砖墙拆除施工时，宜先将墙顶最上层的压顶剔掉，后将墙体合理分块，分步拆除，不得直接砸击使大片墙体倒塌。

4.2.6 构造柱、圈梁、过梁等混凝土构件的拆除宜先借助电锤、撬棍等设备破碎混凝土，再采用液压钳剪断钢筋，最后进行垃圾清运。

4.3 框架结构拆除施工

4.3.1 框架结构拆除应按照楼板、次梁、主梁、柱子至基础的顺序依次进行施工。

4.3.2 建筑栏杆、楼梯、楼板等构件的拆除，应与建筑结构整体拆除进度相协调。

4.3.3 框架结构的承重梁、柱,应在其承载的全部构件拆除后,再进行拆除。

4.3.4 梁、板构件应遵循从跨中到跨边、自上而下的原则进行拆除。当板拆除到距梁边缘 200 mm 处时应停止作业,剩余部分与梁一并拆除。

4.3.5 现浇混凝土楼板宜采取粉碎性拆除,预制混凝土楼板宜逐块分离并吊放至下一层楼(地)面后再破碎拆除。

4.3.6 现浇混凝土楼板进行局部拆除时,宜采用静力拆除的方式将楼板从主梁处断开,断开前可先将楼板用工装件固定(如图4.3.6所示),再用吊装机械将其整体吊运至楼(地)面进行破碎,工装件型号选用可参见附录 A.1。

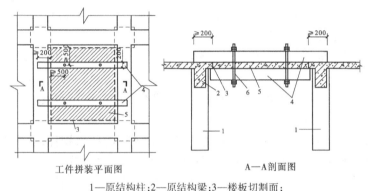

工件拼装平面图　　　　　A—A剖面图

1—原结构柱;2—原结构梁;3—楼板切割面;
4—槽钢;5—待拆除楼板;6—对拉螺栓

图4.3.6　工装件安装工艺图

4.3.7 主梁进行局部拆除时宜采用静力拆除法,拆除前须先在梁底搭设支撑架,然后按照静力拆除原则将主梁分为若干段后依次拆除,最后用吊装机械将梁段吊运至楼(地)面。

4.3.8 柱子拆除时,首先解除柱顶约束,再沿柱子底部剔凿出钢筋,使用手动倒链定向牵引,并采用气焊切割柱子三面钢筋,保留牵引方向正面的钢筋,倒塌方向应选择在下层梁或墙的位置处,撞击点处应采取铺设建筑垃圾或草袋等缓冲防震措施。

4.3.9 楼梯拆除前,应先搭设临时支撑架对楼梯踏步及平台进行防护(如图4.3.9所示),支撑架应经安全验算。再从上向下依次按踏步、休息平台、楼梯梁、楼梯柱的顺序进行拆除。楼梯段块的划分应满足起重吊运和拆除安全的要求。

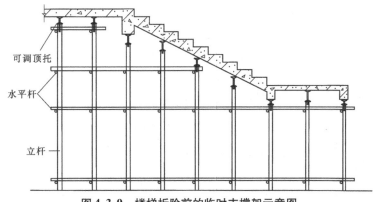

可调顶托

水平杆

立杆

图4.3.9 楼梯拆除前的临时支撑架示意图

4.3.10 楼梯拆除施工时,楼梯临空侧、工人操作面四周要做好临边防护,并挂设密目安全网。

4.3.11 进行建筑基础或局部块体拆除时,可采用静力破碎的方法。

4.3.12 采用具有腐蚀性的静力破碎作业时,灌浆人员须戴防护手套和防护眼镜。孔内注入破碎剂后,作业人员应保持安全距离,非作业人员不得在布孔区内行走。

4.3.13 破碎剂应与其他材料分开存放,钻孔与注入破碎剂不应在相邻两孔之间同步进行。

4.3.14 静力破碎施工过程中,若发现异常情况,必须停止作业,查清原因并采取相应措施确保安全后方可继续施工。

4.3.15 拆除施工中必须由专人负责监测被拆除建筑的结构状态,做好监测成果的记录与预警。当发现有坍塌危险时,应立即停止作业,撤离作业人员,在采取有效措施确保安全后方可继续拆除施工。

5 市政工程拆除施工

5.1 过街天桥拆除施工

5.1.1 过街天桥拆除施工现场应采取全封闭措施。

5.1.2 过街天桥拆除施工应遵循先主体桥面、后梯道的顺序,自上而下依次进行。钢与钢筋混凝土组合结构天桥应先拆除钢结构部分,然后拆除钢筋混凝土结构部分。

5.1.3 主体拆除施工前应先拆除栏杆、管线、铺装层等附属构件。附属构件拆除时应采取防护措施。

5.1.4 标准段梁体拆除时,应根据支承方式分段拆解并吊至地面,再切割外运。

5.1.5 在切割拆除转角和梯道前应在每个转角梁体下方搭设支架,并保证其整体稳定性。

5.1.6 墩柱拆除时,可先采用绳锯等设备切割,然后用吊车吊离外运后进行破碎。

5.2 市政桥梁工程拆除施工

5.2.1 市政桥梁拆除施工现场应采取全封闭措施。

5.2.2 市政桥梁拆除应遵循先上后下、先附属后整体、先非承重构件后承重构件、对称拆除等原则,对附属设施、梯段、梁段、墩柱、基础依次拆除。

5.2.3 市政桥梁拆除前应首先解除桥梁主体与附属结构之间的连接构造,然后采用支撑拆除法、吊装拆除法等进行拆除施工。

5.2.4 拟拆除桥梁下方的市政管线应采取保护措施。

5.2.5 对于跨径小于 15 m 且净空高度小于 5 m 的预制装配式桥梁可采用直接拆除法施工,拆除过程中应遵守以下规定:

1 拆除过程中应按照先中跨后边跨、先上部构件后下部构件、先附属设施后主体结构的顺序进行施工,不得垂直交叉作业。

2 对桥跨、桥台进行拆除时可先使用风镐等设备对桥面进行局部破碎或钻孔,然后使用机械设备进行整体拆除。

3 单纯采用直接拆除法对桥墩拆除施工较为困难时,可附以静力破碎法进行综合拆除。

4 施工过程中应对待拆除市政桥梁的安全状态进行监测,做好监测成果记录与预警。当发现有坍塌危险时,应立即停止作业,撤离作业人员,在采取有效措施确保安全后方可继续拆除施工。

5.2.6 对于跨度在 15 m 及以上或净空高度在 5 m 及以上的预制装配式桥梁,以及连续刚构式桥梁宜采用支撑拆除法进行施工,拆除过程中应遵守以下规定:

1 施工前应对支撑架及地基承载力进行安全验算,施工过程中须避免碰撞支撑架,确保支撑架安全。

2 复杂桥体结构可采用静力切割设备对桥体进行分割,分块拆除。

3 重量超过 300 kN 的拆除物,其吊装应编制专项措施。

4 栏杆的拆除可采用机械拆除工艺,先对栏杆与梁体之间的连接构造进行拆除,然后实施破碎。

5 梁体的切割、吊运可按照放线定位、吊装孔开洞、切割、拆除物清运的施工工序进行。

6 下部构造拆除可采用金刚石绳锯切割工艺对下部结构进行分离,切割可按盖梁、柱系梁的顺序依次进行。金刚石绳锯应有防断绳安全措施。

7 拆除作业施工人员随身携带的作业工具必须装入工具袋内或用绳系在身上,避免在拆除作业时掉落。

5.2.7 预制钢筋混凝土箱梁、钢箱梁或大跨度现浇市政桥梁宜采用吊装拆除法进行施工,拆除过程中应遵守以下规定:

1 梁板宜按照先边板后中板、由一端向另一端的拆除顺序进行施工。

2 吊装拆除可按照以下工序进行:检查桥面系拆除状况、吊装设备机械进场组装、试机、起吊、梁板落位、梁板装车拖运。

3 吊装设备应依据吊装作业参数、作业范围、环境条件、安全规范等合理选择。道路和场地应平整、坚实,满足吊装机具通行要求。

4 吊装前应对吊装设备、钢丝绳等进行安全检查,符合起吊要求后方可进行吊装。吊装前应进行试吊,对各主要受力部位进行检查,确认作业状态良好后,方可继续起吊。

5 梁板运输应采用专用运输车辆,运输车上须设置托架和锚固装置,保证运输过程中梁板的稳定,避免倾覆。

6 吊索两绳头应保持等长,不得偏斜吊运。落梁时,应慢速平稳,严禁发生急落冲击现象。

5.3 架空市政管道工程拆除施工

5.3.1 架空市政管道拆除施工前,须查明管道内残留物性质,并采取相应的措施确保安全后方可进行拆除施工。管道内具有燃烧、爆炸、有毒有害性质的残余物料应采取专门的清理措施,并在充分通风后方可进行拆除作业。

5.3.2 架空市政管道拆除施工前,应检查待拆螺栓连接情况及支架牢固性,对不牢固的托架应进行临时加固处理并在管道上搭设安全绳。

5.3.3 架空市政管道拆除时,应搭设安全通道、活动式高空直梯、切割作业操作平台等,并经验收合格后方可进行拆除作业。

5.3.4 输气管道拆除时,应在管道内气体置换完成后再拆除。应先割除弯管,再拆除弯管以外的其他管段。

5.3.5 管道切割拆除的段数应根据现场管道支架、场地与道路、管道运输等具体情况确定。

5.3.6 管道切割方式可依据材质和管内物料情况,选用"由外向内、对称切割"或"由内向外、对称切割"两种方式。

5.3.7 管道支架为单榀支架时,切割点具体位置距支架距离宜在1~1.5 m范围内;管道支架为双榀固定支架时,切断位置宜选择在两榀支架中间。

5.3.8 塔架支撑的高空管道拆除时,若塔架锈蚀严重而无法满足拆除施工荷载,宜先搭设施工支撑架,再自上而下依次进行拆除。

5.3.9 对跨越建筑的管道,在拆除前应先搭设防护支架,做好对建筑的保护。支架经验收合格后,方可进行跨越管道的拆除。

5.3.10 带保温层的管道拆除时,应先将待切割部位的保温层全部拆除,再进行管道切割,同时在切割部位下方设置集液盘,避免管道切割后管内污物流淌。

5.3.11 可以回收利用的管道在拆除完成后,宜采用高压水集中清洗管段内部,清洗完毕后堆放整齐。

6 构筑物拆除施工

6.1 烟囱拆除施工

6.1.1 烟囱拆除宜按照表面附属物、内衬、烟囱筒壁的顺序,从上往下分段施工;当环境条件允许时,可采用整体倾倒法施工。

6.1.2 使用气割等设备切除烟囱表面附属构件时,作业位置下方及两侧不得站人,切割时要将特制铁桶置于切割部位下方,避免火花飞溅。

6.1.3 高空切割作业时,其工作环境应具有充足的照明设施,作业人员要穿戴安全帽、防滑鞋、防护服、安全带、防灼手套及护目镜等安全防护用具。

6.1.4 拆除作业脚手架应经安全验算,搭设完成后应经验收方可使用。

6.1.5 拆除防火内衬产生的碎块,在施工平台堆积高度不得大于30 cm,且应及时清理外运,运输过程中应采取防散落措施。

6.1.6 整体倾倒法拆除施工时应根据场地条件确定倾倒中心线,并确定底部切口位置、形状、大小。

6.1.7 整体倾倒法拆除施工时应先在烟囱筒壁底部按拆除施工方案要求破拆切口,再利用液压剪等将洞口修剪成设计形状,将切口范围内钢筋割断,同时用同强度等级混凝土将烟道和出灰口密封。

6.1.8 烟囱倒塌的水平防护距离不应小于其高度的 1.2 倍,垂直于倒塌中心线的横向宽度不应小于烟囱切口部位外径的 3 倍。

6.1.9 烟囱切口形状宜为三角形、梯形或矩形的组合(见图6.1.9),

切口高度不宜小于切口部位壁厚的 1.5 倍,切口处弧长不宜小于筒体圆周的 1/2,且宜按下式取值:

$$L = (1/2 \sim 2/3)\pi D \qquad (6.1.9)$$

式中　D——切口部位筒壁的外直径;

　　　L——切口处弧长;

　　　π——圆周率。

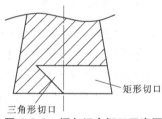

矩形切口

三角形切口

图 6.1.9　烟囱组合切口示意图

6.1.10　烟囱拆除作业应在风力不大于 4 级的条件下进行,并在烟囱倒塌方向的场地上铺设缓冲垫层。

6.1.11　拆除施工前,应在烟囱四周设置封闭围挡和交通警戒标识,拆除完成前,非作业人员不得进入警戒区。

6.2　水塔拆除施工

6.2.1　水塔拆除应按照表面附属物、水箱、塔身的顺序,从上往下、逐层分段拆除。当环境条件允许时,可采用牵引式整体倾倒法施工。

6.2.2　水塔拆除作业前,应先将尺寸较大的水箱、护栏等附属物拆除,吊放到地面。拆卸下来的各种材料应及时清理,分类堆放,不得随意抛掷。

6.2.3　用气割切割前,应先将接缝处填料敲掉并清理干净,然后进行切割作业。切割拆除过程中产生的污水应设置接收和处理设施。

6.2.4 塔身拆除前应先切断水源、电源,拆除水塔内的竖向给排水管道,并及时清除周围障碍物,平整拆除场地。

6.2.5 牵引式整体倾倒法施工应按照方案要求准确放线,确定凿口底线、边线、倾倒中心线等。

6.2.6 塔身倾倒前,应先在倾倒中心线处凿出竖缝,然后扩大切口,同时在切口对应的另一侧也破拆出一个方形切口,其大小以能够放置拆除施工所用千斤顶为宜。

6.2.7 倒塌过程中,钢丝绳上端应与塔身上部结构可靠锚固,下端应锚固在距离塔身 2 倍塔高位置外的地锚上(如图 6.2.7 所示),地锚的强度应满足牵引力要求。

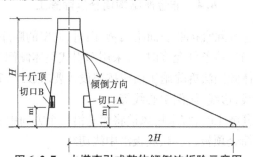

图 6.2.7 水塔牵引式整体倾倒法拆除示意图

6.2.8 在拆除过程中,应划定危险区域。在凿口过程中,禁止非工作人员进入现场。

6.2.9 拆除施工时,施工平台上的材料和散落的建筑垃圾应及时清理,且应设置安全挡板,避免高空坠物。

6.2.10 水塔倾倒时,应在倾倒范围内的地面铺设缓冲层;当有特殊需要时,宜在倾倒范围与周围建筑物之间挖设防震沟。

6.3 栈桥拆除施工

6.3.1 栈桥拆除施工时,应先拆支栈桥,后拆主栈桥;支栈桥拆除时,应从远离主栈桥端向主栈桥方向逐跨拆除。主栈桥拆除时,应从高端向低端逐跨拆除。

6.3.2 栈桥拆除应按桥面系、墩柱、下部基础的顺序拆除,不得垂直交叉作业。

6.3.3 桥面系拆除时,应按安装的相反顺序进行施工;同排墩柱拆除应从一侧向另一侧逐根拔除。

6.3.4 拆除栈桥时,应先拆除护栏、桥面附属设施等。

6.3.5 拆除栈桥时应设专人观测栈桥,发现异常情况应立即报警并停止作业,撤离作业人员,在采取有效措施确保安全后方可继续拆除施工。

6.4 非金属结构筒仓拆除施工

6.4.1 筒仓拆除宜按照表面附属物、内衬、筒壁的顺序,从上往下分段施工;当环境条件允许时,可采用牵引式整体倾倒法施工。

6.4.2 整体倾倒法拆除施工前应按照设计要求放线,确定切缝位置、凿口底线、边线、倾倒中心线等。

6.4.3 切缝施工时,宜采用风镐将筒仓沿一个方向中心线自上而下分解,将筒仓顶板、仓壁、底板沿中线切缝。

6.4.4 筒身倾倒前,应先在倾倒中心线上切割切口,同时在切口对应的另一侧也破拆一方形切口,其大小以能够放置拆除施工所用千斤顶为宜。

6.4.5 筒身拆除可采用牵引法或单侧顶推法等整体倾倒法。

6.4.6 筒仓倾倒范围内的地面应铺设缓冲层,当有特殊需要时,宜在倾倒范围与周围建筑物之间挖设防震沟。

6.4.7 在整体倾倒后,应及时对筒体进行破碎并清理外运,外运时全程封闭,防止扬尘。

7 拆除施工安全组织

7.1 一般规定

7.1.1 建设单位应向拆除施工单位提供被拆除工程结构物原设计图纸,维修、加固等相关资料;拆除施工单位应进行现场踏勘,调查周边环境条件,并制订相应防护措施。

7.1.2 拆除施工单位应编制施工组织设计和专项施工方案,其中拆除作业平台、拟拆除结构物整体及局部稳定、局部拆除工程中的支撑防护结构等应经安全验算。

7.1.3 拆除施工作业前应对施工作业人员进行技术交底。

7.2 拆除作业平台

7.2.1 待拆除工程结构物高度超过 10 m 时,应设置安全通道和作业平台。

7.2.2 作业平台应设置在拆除面以下 1.0~1.5 m 的位置。作业平台经验算,满足安全要求。

7.2.3 拆除作业平台表面所铺木板厚度不应小于 60 mm,纵向搭接长度不应小于 300 mm,横向板间距不应大于 50 mm。

7.2.4 拆除作业平台可采用移动式,但在每一站位处均应采取临时固定措施,并满足安全作业要求。

7.3 拆除作业

7.3.1 拆除作业前应对工程结构物周边既有架空线路、地下管线等采取防护措施。

7.3.2 拆除工程结构物时,应确保尚未拆除部分结构的稳定性。

7.3.3 拆除作业时,作业人员应站在脚手架、作业平台或其他稳固的结构上操作,不应站在待拆除墙体、挑梁等不稳定构件上作业。

7.3.4 高空拆除作业时,尺寸和重量较大的构件或材料应采用起重设备吊运。拆卸下来的各种材料应及时清理,分类堆放在指定场所,严禁向下抛掷。

7.3.5 拆除机械不应在架空预制楼板上作业;现浇混凝土楼板拆除时,其承载力应经验算,不能满足拆除作业要求时应采取相应加固措施。

7.3.6 机械拆除作业施工现场应有专人指挥,非机械操作人员不得进入机械作业范围。

7.3.7 地下工程、深基础拆除时,应对施工周边的建筑物及地下管线进行监测,拆除完成后及时回填。

7.3.8 拆除施工时,应按照施工组织设计选定的机械设备及吊装方案进行施工,严禁超载作业或任意扩大使用范围。供机械设备使用的场地必须保证足够的承载力。

7.3.9 拆除作业所使用的特种设备、千斤顶等在进行作业前,应委托具备相应资质的检测单位对设备进行检查,符合要求后方可进行拆除作业。

7.3.10 拆除施工用的脚手架、安全网,应由专业人员搭设,并经验收合格后方可投入使用。

7.3.11 拆除施工单位应确保用电、用火安全,非持证电工不得从事施工生产用电和生活用电作业。

7.3.12 冬季施工时,应在上班操作前除掉机械设备上、脚手架及作业区内的积雪、冰霜,严禁起吊与其他材料冻结在一起的构件。

7.3.13 拆除施工过程中如发现不明物体,应停止施工,采取相应的应急措施保护现场并及时向有关部门报告。

8 文明施工与环境保护

8.0.1 拆除施工不宜在夜间进行,减少对周围环境产生的噪声污染。

8.0.2 拆除施工现场周边应设置围挡,且高度不低于 2.5 m。

8.0.3 对拆除工程下方的各类管线应在地面上设置明显标识。对水、电、气的检查井、污水井应采取保护措施。

8.0.4 拆除作业前应按照"先喷淋、后拆除、拆除过程持续全覆盖喷淋"的原则进行扬尘防治。拆除作业实施时,应采取湿法作业、分段拆除,缩短起尘操作时间。

8.0.5 拆除工程在确保安全的条件下,应先清理部分致尘构件与积尘,减少现场扬尘。

8.0.6 拆除作业应采用绿色密目式安全网或开孔型绿色不透尘安全网布等材料防护,围挡应采用彩钢板等轻型硬质材料。

8.0.7 整理破碎构件、翻渣和清运拆除垃圾时,应采取洒水或喷淋措施。

8.0.8 工程结构物拆除切割区域应设置挡水墙,有组织排水,避免施工用水污染周边环境。

8.0.9 被拆除房屋产生的建筑垃圾,应及时清运。不能及时清运的应采用防尘网覆盖,并定期洒水保持湿润。

8.0.10 拆除施工单位应将拆除过程中产生的建筑垃圾和其他垃圾分类存放、分类运输。

8.0.11 拆除过程中遗留的有毒、有害废弃物禁止作为土方回填,以免污染地下水和环境。

8.0.12 作业人员不应在施工现场焚烧油毡、橡胶、油漆、垃圾以及其他产生有毒、有害烟尘和恶臭气体的物质。

8.0.13 清运渣土的车辆应封闭或覆盖,出入现场时应有专人指挥,清运渣土的作业时间应遵守工程所在地的有关规定。

8.0.14 当启动Ⅱ级(橙色)以上预警或风速达到4级以上时,不得进行拆除作业,并对拆除现场采取覆盖、洒水等降尘措施。

附录 A 拆除施工中常用工装件材料力学特征

表 A.1 常用热轧普通槽通钢的规格、理论重量及截面特性

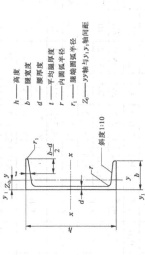

h——高度
b——腿宽度
d——腰厚度
t——平均腿厚度
r——内圆弧半径
r_1——腿端圆弧半径
Z_0——YY轴与y_1轴间距

斜度1:10

型号	截面尺寸（mm）						截面面积（cm²）	理论重量（kg/m）	惯性矩（cm⁴）			惯性半径（cm）		截面模数（cm³）		重心距离（cm）
	h	b	d	t	r	r_1			I_x	I_y	I_{y1}	i_x	i_y	W_x	W_y	Z_0
5	50	37	4.5	7.0	7.0	3.5	6.928	5.438	26.0	8.30	20.9	1.94	1.10	10.4	3.55	1.35
6.3	63	40	4.8	7.5	7.5	3.8	8.451	6.634	50.8	11.9	28.4	2.45	1.19	16.1	4.50	1.36
8	80	43	5.0	8.0	8.0	4.0	10.248	8.045	101	16.6	37.4	3.15	1.27	25.3	5.79	1.43
10	100	48	5.3	8.5	8.5	4.2	12.748	10.007	198	25.6	54.9	3.95	1.41	39.7	7.80	1.52

续表 A.1

型号	截面尺寸 (mm)						截面面积 (cm²)	理论重量 (kg/m)	惯性矩 (cm⁴)			惯性半径 (cm)		截面模数 (cm³)		重心距离 (cm)
	h	b	d	t	r	r_1			I_x	I_y	I_{y1}	i_x	i_y	W_x	W_y	Z_0
12	120	53	5.5	9.0	9.0	4.5	15.362	12.059	346	37.4	77.7	4.75	1.56	57.7	10.2	1.62
12.6	126	53	5.5	9.0	9.0	4.5	15.692	12.318	391	38.0	77.1	4.95	1.57	62.1	10.2	1.59
14a	140	58	6.0	9.5	9.5	4.8	18.516	14.535	564	53.2	107	5.52	1.70	80.5	13.0	1.71
14b	140	60	8.0	9.5	9.5	4.8	21.316	16.733	609	61.1	121	5.35	1.69	87.1	14.1	1.67
16a	160	63	6.5	10.0	10.0	5.0	21.962	17.240	866	73.3	144	6.28	1.83	108	16.3	1.80
16b	160	65	8.5	10.0	10.0	5.0	25.162	19.752	935	83.4	161	6.10	1.82	117	17.6	1.75
18a	180	68	7.0	10.5	10.5	5.0	25.699	20.174	1 270	98.6	190	7.04	1.96	141	20.0	1.88
18b	180	70	9.0	10.5	10.5	5.0	29.299	23.000	1 370	111	210	6.84	1.95	152	21.5	1.84
20a	200	73	7.0	11.0	11.0	5.5	28.837	22.637	1 780	128	244	7.86	2.11	178	24.2	2.01
20b	200	75	9.0	11.0	11.0	5.5	32.837	25.777	1 910	144	268	7.64	2.09	191	25.9	1.95
22a	220	77	7.0	11.5	11.5	5.8	31.846	24.999	2 390	158	298	8.67	2.23	218	28.2	2.10
22b	220	79	9.0	11.5	11.5	5.8	36.246	28.453	2 570	176	326	8.42	2.21	234	30.1	2.03
24a	240	78	7.0	12.0	12.0	6.0	34.217	26.860	3 050	174	325	9.45	2.25	254	30.5	2.10
24b	240	80	9.0	12.0	12.0	6.0	39.017	30.628	3 280	194	355	9.17	2.23	274	32.5	2.03
24c	240	82	11.0	12.0	12.0	6.0	43.817	34.396	3 510	213	388	8.96	2.21	293	34.4	2.00
25a	250	78	7.0	12.0	12.0	6.0	34.917	27.410	3 370	176	322	9.82	2.24	270	30.6	2.07
25b	250	80	9.0	12.0	12.0	6.0	39.917	31.335	3 530	196	353	9.41	2.22	282	32.7	1.98
25c	250	82	11.0	12.0	12.0	6.0	44.917	35.260	3 690	218	384	9.07	2.21	295	35.9	1.92

续表 A.1

| 型号 | 截面尺寸（mm） | | | | | | 截面面积（cm²） | 理论重量（kg/m） | 惯性矩（cm⁴） | | | 惯性半径（cm） | | 截面模数（cm³） | | 重心距离（cm） |
	h	b	d	t	r	r_1			I_x	I_y	I_{y1}	i_z	i_y	W_x	W_y	Z_0
27a	270	82	7.5	12.5	12.5	6.2	39.284	30.838	4 360	216	393	10.5	2.34	323	35.5	2.13
27b		84	9.5				44.684	35.077	4 690	239	428	10.3	2.31	347	37.7	2.06
27c		86	11.5				50.084	39.316	5 020	261	467	10.1	2.28	372	39.8	2.03
28a	280	82	7.5				40.034	31.427	4 760	218	388	10.9	2.33	340	35.7	2.10
28b		84	9.5				45.634	35.823	5 130	242	428	10.6	2.30	366	37.9	2.02
28c		86	11.5				51.234	40.219	5 500	268	463	10.4	2.29	393	40.3	1.95
30a	300	85	7.5	13.5	13.5	6.8	43.902	34.463	6 050	260	467	11.7	2.43	403	41.1	2.17
30b		87	9.5				49.902	39.173	6 500	289	515	11.4	2.41	433	44.0	2.13
30c		89	11.5				55.902	43.883	6 950	316	560	11.2	2.38	463	46.4	2.09
32a	320	88	8.0	14.0	14.0	7.0	48.513	38.083	7 600	305	552	12.5	2.50	475	46.5	2.24
32b		90	10.0				54.913	43.107	8 140	336	593	12.2	2.47	509	49.2	2.16
32c		92	12.0				61.313	48.131	8 690	374	643	11.9	2.47	543	52.6	2.09
36a	360	96	9.0	16.0	16.0	8.0	60.910	47.814	11 900	455	818	14.0	2.73	660	63.5	2.44
36b		98	11.0				68.110	53.466	12 700	497	880	13.6	2.70	703	66.9	2.37
36c		100	13.0				75.310	59.118	13 400	536	948	13.4	2.67	746	70.0	2.34
40a	400	100	10.5	18.0	18.0	9.0	75.068	58.928	17 600	592	1 070	15.3	2.81	879	78.8	2.49
40b		102	12.5				83.068	65.208	18 600	640	1 140	15.0	2.78	932	82.5	2.44
40c		104	14.5				91.058	71.488	19 700	688	1 220	14.7	2.75	986	86.2	2.42

注：表中 r、r_1 的数据用于孔型设计，不做交货条件。

表 A.2　脚手架钢管截面力学特征

外径 φ (mm)	壁厚 t (mm)	截面面积 $A(cm^2)$	惯性矩 $I(cm^4)$	截面模量 $W(cm^3)$	回转半径 $i(cm)$	每米长质量 (kg/m)
48	3.5	4.89	12.19	5.08	1.58	3.84
48	3.2	4.50	11.35	4.73	1.59	3.53
48	3.0	4.24	10.78	4.49	1.59	3.33
48	2.8	3.97	10.19	4.24	1.60	3.12

表 A.3　轴心受压构件的稳定系数 φ（Q235 钢）

λ	0	1	2	3	4	5	6	7	8	9
0	1.000	0.997	0.995	0.992	0.989	0.987	0.984	0.981	0.979	0.976
10	0.974	0.971	0.968	0.966	0.963	0.960	0.958	0.955	0.952	0.949
20	0.947	0.944	0.941	0.938	0.936	0.933	0.930	0.927	0.924	0.921
30	0.918	0.915	0.912	0.909	0.906	0.903	0.899	0.896	0.893	0.889
40	0.886	0.882	0.879	0.875	0.872	0.868	0.864	0.861	0.858	0.855
50	0.852	0.849	0.846	0.843	0.839	0.836	0.832	0.829	0.825	0.822
60	0.818	0.814	0.810	0.806	0.802	0.797	0.793	0.789	0.784	0.779
70	0.775	0.770	0.765	0.760	0.755	0.750	0.744	0.739	0.733	0.728
80	0.722	0.716	0.710	0.704	0.698	0.692	0.686	0.680	0.673	0.667
90	0.661	0.654	0.648	0.641	0.634	0.626	0.618	0.611	0.603	0.595
100	0.588	0.580	0.573	0.566	0.558	0.551	0.544	0.537	0.530	0.523
110	0.516	0.509	0.502	0.496	0.489	0.483	0.476	0.470	0.464	0.458
120	0.452	0.446	0.440	0.434	0.428	0.423	0.417	0.412	0.406	0.401
130	0.396	0.391	0.386	0.381	0.376	0.371	0.367	0.362	0.357	0.353

λ	0	1	2	3	4	5	6	7	8	9
140	0.349	0.344	0.340	0.336	0.332	0.328	0.324	0.320	0.316	0.312
150	0.308	0.305	0.301	0.298	0.294	0.291	0.287	0.284	0.281	0.277
160	0.274	0.271	0.268	0.265	0.262	0.259	0.256	0.253	0.251	0.248
170	0.245	0.243	0.240	0.237	0.235	0.232	0.230	0.227	0.225	0.223
180	0.220	0.218	0.216	0.214	0.211	0.209	0.207	0.205	0.203	0.201
190	0.199	0.197	0.195	0.193	0.191	0.189	0.188	0.186	0.184	0.182
200	0.180	0.179	0.177	0.175	0.174	0.172	0.171	0.169	0.167	0.166
210	0.164	0.163	0.161	0.160	0.159	0.157	0.156	0.154	0.153	0.152
220	0.150	0.149	0.148	0.146	0.145	0.144	0.143	0.141	0.140	0.139
230	0.138	0.137	0.136	0.135	0.133	0.132	0.131	0.130	0.129	0.128
240	0.127	0.126	0.125	0.124	0.123	0.122	0.121	0.120	0.119	0.118
250	0.117	—	—	—	—	—	—	—	—	—

注:当 $\lambda \geqslant 250$ 时,$\varphi = 7\,320/\lambda^2$($\lambda$ 为构件的长细比)。

附录 B 拆除施工结构安全监测报表

工程名称：　　　　　　施工单位：　　　　编　　号：

时　　刻：　　　　　　天　　气：　　　　监测类别：

测点编号	设计承载力/变形（kN/mm）	实测内力/变形（kN/mm）	监测结论	监测点位附件作业情况	监测点布置平面简图

填表：　　　　　　　　监测负责人：　　　　　　年　月　日

本规程用词说明

1　为便于在执行本规程条文时区别对待,对要求严格程度不同的用词说明如下:

1)表示很严格,非这样做不可的:

正面词采用"必须",反面词采用"严禁"。

2)表示严格,在正常情况下均应这样做的:

正面词采用"应",反面词采用"不应"或"不得"。

3)表示允许稍有选择,在条件许可时首先应这样做的:

正面词采用"宜",反面词采用"不宜"。

4)表示有选择,在一定条件下可以这样做的,采用"可"。

2　条文中指明应按其他有关标准执行的写法为:"应符合……的规定"或"应按……执行"。

引用标准名录

1 《建筑拆除工程安全技术规范》JGJ147
2 《建筑施工安全检查标准》JGJ59
3 《建筑施工高处作业安全技术规范》JGJ80
4 《碳素结构钢》GB/T700
5 《低合金高强度结构钢》GB/T1591
6 《一般用途钢丝绳》GB/T20118
7 《紧固件机械性能　螺栓、螺钉和螺柱》GB/T3098.1
8 《起重吊运指挥信号》GB5082
9 《施工现场临时用电安全技术规范》JGJ46

河南省工程建设标准

工程结构物拆除施工安全技术规程

DBJ41/T176－2017

条 文 说 明

目　次

1 总 则

1.0.1 本条明确了本规程的编制目的。随着城市经济的迅速发展,工程结构物拆除施工越来越多。长期以来,工程结构物拆除施工工艺众多,缺乏统一的标准,有的甚至存在安全隐患。为了保证工程结构物拆除施工的质量安全,制定本规程。

1.0.2 本条规定了本规程的适用范围。由于爆破拆除施工需要审批的手续较为严格,而且对周围环境影响较大,所以本规程主要针对房屋建筑与市政基础设施类(不含铁路上方跨线桥梁等)的工程结构物拆除施工进行规范。

1.0.3 本条工程结构物拆除施工,除遵守本规程的规定外,还应遵守国家的相关标准、规范,主要内容包括:

《中华人民共和国建筑法》

《建设工程安全生产管理条例》

《建筑施工安全检查标准》JGJ59

《建筑拆除工程安全技术规范》JGJ147

《建筑施工高处作业安全技术规范》JGJ80

《碳素结构钢》GB/T700

《低合金高强度结构钢》GB/T1591

《一般用途钢丝绳》GB/T20118

《钢结构焊接规范》GB50661

《起重吊运指挥信号》GB5082

《施工现场临时用电安全技术规范》JGJ46

2 术语和符号

本规程的符号采用现行国家标准《工程结构设计基本术语标准》GB/T50083 的规定。

3　基本规定

3.0.1　为了确保安全,所有的拆除施工都必须由具备相应资质的施工单位承担。依法必须进行招标的拆除工程,建设单位还应该组织招标、评标,确定最佳施工单位。

3.0.2　拆除施工一般在市区范围内较多,涉及周边环境较复杂,一旦发生事故,影响非常大。因此,建设单位应在施工前,将拆除工程相关资料及周边毗邻建筑(包括地下管线、构筑物等)向建设工程所在地的县级以上地方人民政府建设行政主管部门或者其他有关部门备案。

3.0.3　对于文物、历史建筑或历史文化街区范围内的工程结构物,除向县级以上地方人民政府建设行政主管部门或者其他有关部门备案外,还应获得文化、规划部门批准。

3.0.5　拆除施工涉及的危险因素较多,对周边环境影响也较大,因此应当编制专项施工方案,方案中应明确具体的安全技术措施和临时用电措施,并附必要的安全验算书。在履行完签字审批手续后,由专职安全生产管理人员进行现场监督实施,保证专项施工方案落实到位。

3.0.6　针对高风险拆除工程,专项施工方案还应经专家论证,通过后方可进行拆除作业。在拆除施工过程中,还应由具备相应资质的第三方监测单位对尚未拆除的结构构件进行实时监测,确保整体施工的安全。

3.0.7　从环保角度考虑,拆除施工的全部过程均应采取防噪、防扬尘等措施,实现绿色施工。

4 建筑工程拆除施工

4.1 一般规定

4.1.1 本条规定了建筑工程拆除施工应遵循的原则和拆除施工的顺序。

4.1.2 局部拆除如果对非拆除构件不采取保护措施,包括临时支护、加固处理等,容易对非拆除构件造成结构性损伤。

4.1.4 室内装饰性面层适宜采用人工和机械拆除相结合的方式,拆除下来的垃圾要及时运走,避免堆积。

4.1.5 对楼层拆除时应采取的安全措施做出规定,为避免落物伤人,临边还应采取硬隔离措施。

4.1.6~4.1.7 对普通悬挑构件及预应力悬挑构件在进行拆除时应采取的安全措施做出规定。

4.1.8~4.1.9 拆除过程中建筑垃圾的清理和运输要满足进度要求,同时要保证钢筋与混凝土的分离工作尽量在拆除建筑外进行。

4.2 砌体结构拆除施工

4.2.1 对砌体结构拆除施工应遵循的顺序做出规定。

4.2.2 拆除施工过程中临边或洞口处要及时增加安全防护措施,如搭设楼层边沿安全防护栏杆、临边洞口安全栏杆及外围防护脚手架。

4.2.3 对砌体墙体拆除时应遵循的顺序做出规定。特殊情况需采用直接推倒法时,除遵照相关规范要求外,还对必须符合的条件做出规定。

4.2.5 建筑墙体拆除时可以先采用錾子剔除压顶,然后用风镐对墙体进行分块,最后用大锤从上而下分块拆除,不采用墙体整体倒塌拆除方法主要是为了避免对原有结构及人员安全造成危害,并尽量减少扬尘。

4.2.6 对构造柱、圈梁、过梁等混凝土构件的拆除做出规定。

4.3 框架结构拆除施工

4.3.1 本条规定了框架结构拆除施工的顺序,对于部分拆除工程应先加固,后拆除。

4.3.2 建筑栏杆、楼梯、楼板等构件的拆除,应与建筑结构整体拆除进度相配合;而对于承重梁、柱,应在其承载的全部构件拆除后,再进行拆除。

4.3.4 梁、板结构遵循从跨中到跨边、自上而下的原则进行拆除,可以避免梁板的悬壁结构产生的结构荷载和施工荷载带来的不安全因素。

4.3.7 主梁采用静力拆除法时,拆除前须按照截开的段数分别搭设支撑架,然后采用绳锯将主梁分为若干段,最后用吊装机械将梁段缓慢吊运至楼面,破碎后产生的垃圾随拆随运,减少楼板负荷。

4.3.8 对柱子的拆除施工做出规定,而且倒塌方向应尽量选择在下层梁或墙的位置处,撞击点处采取设置建筑垃圾或草袋等缓冲防震措施。

4.3.9 ～ 4.3.10 对楼梯拆除施工及安全防护做出规定,在进行楼梯段块划分时,应综合考虑起重机的吊重和结构拆除安全要求。

4.3.11 ～ 4.3.14 在不能采用人工或机械拆除时,可以考虑采用静力破碎拆除,并对静力破碎拆除过程中施工安全措施做出规定。

4.3.15 施工过程中必须安排专人对被拆除建筑的结构状态进行监测并做好记录,及时反馈信息。当发现建筑物出现有不稳定状态的趋势时,必须停止施工作业,在采取有效加固措施、消除安全隐患后,方可继续施工。

5 市政工程拆除施工

5.1 过街天桥拆除施工

5.1.2~5.1.3 对过街天桥的拆除顺序做出规定,临边拆除施工时应采取隔离防护、封闭施工等安全措施。

5.1.4 拆除标准段梁体宜切割分段吊至地面,再破碎外运。

5.1.5 所有的转角梁体和梯道下方均应搭设钢管或其他材料的支架,且强度和整体稳定性应满足要求。

5.2 市政桥梁工程拆除施工

5.2.2~5.2.3 对市政桥梁拆除应遵循的原则和拆除施工顺序做出规定。

5.2.5 对直接拆除法的应用范围和拆除过程中应遵守的规定做出阐述,其主要针对跨径小、占用场地小的工程,施工中主要采用人工和机械配合的方法进行拆除,施工控制内容包括:几何(变形)控制、应力控制、稳定控制和安全控制。在拆除过程中须进行挠度观测,对每个施工阶段的桥面线形和梁底标高进行控制。应力监控的方法是在控制截面处布置应力测点,观察在施工过程中这些截面的应力变化及应力分布情况,一旦监测发现异常情况,应立即停止施工,查找原因并处理,确保构件处于强度满足要求的状态。

5.2.6 对支撑拆除法的应用范围和拆除过程中应遵守的规定做出阐述,支撑架的验算是确保安全施工的重要环节,同时对在进行附属、路面、梁体和下部结构拆除时可以使用的工具和方法给出合理的建议。

5.2.7 对吊装拆除法的应用范围和拆除过程中应遵守的规定做出阐述。吊装孔开洞的方法:用无振动金刚石水钻开孔切割,并严格按照旧桥的结构形式依次在桥面、悬臂端及箱梁位置处开孔,切割过程应确保机座的稳定性。混凝土切割过程应控制绳锯速度、切割参数,保证设备平稳。大跨度桥梁切割后,先用吊车将桥梁段吊装到平板运输车上,然后运输到指定场地进行破碎。针对局部拆除的桥梁,应在未拆除梁段的沥青路面上铺设钢板,钢板上再铺50 cm厚的袋装细沙作为保护,避免运输过程中混凝土渣块对路面造成损害和污染。

5.3 架空市政管道工程拆除施工

5.3.1~5.3.3 对于架空市政管道拆除施工前的准备工作和应采取的安全措施做出规定。

5.3.5~5.3.6 管道切割段数和切割方式应根据具体情况确定,且推荐了两种常用的切割方式。

5.3.7 带支架管道切割点位置的选取,要保证管道拆除过程支架不发生倒塌,可根据支架的数量在不同位置进行切割。

5.3.8 塔架支撑的高空管道拆除时,要对塔架自身承载力进行评估,不能满足要求时应搭设施工支架,提高拆除施工的安全性。

5.3.9~5.3.10 对跨越建筑的管道和带保温层的管道拆除施工应遵守的安全措施做出规定。

5.3.11 可回收利用的管道,拆除后集中处理的措施有很多,根据管道用途和介质不同合理选用,循环利用,实现绿色环保要求。

6 构筑物拆除施工

6.1 烟囱拆除施工

6.1.1 对烟囱拆除的施工顺序做出规定;当环境条件允许时,推荐采用整体倾倒法施工。

6.1.2 ~ 6.1.3 对于一些金属类附属构件需要采用气体切割,切割过程中会产生大量的火花,尤其是高空作业,需要采取安全防护措施,确保施工安全。

6.1.5 混凝土碎块在作业平台上堆积过高,会超过平台的极限承载力,导致平台失稳垮塌,造成人员伤亡事故。

6.1.6~6.1.7 整体倾倒法仅适用于场地比较开阔的地方,对于倒塌方向和切口的选择要根据现场条件确定,同时对整体拆除法的施工工艺和安全防护措施做出规定。

6.1.8 烟囱倒塌的水平防护距离从烟囱的中心位置起算,且应满足规定的长度。

6.1.9 选择烟囱切口形状宜为三角形与梯形或者矩形组合,这样烟囱在初始倒倒过程中,初始切口缓慢闭合,承压区逐渐增大,相应保证了压缩破坏过程的对称性,从而控制了烟囱倾倒的定向性。

6.1.10 在烟囱倒塌的方向铺设防护土堤和草帘,是为了缓冲烟囱倒塌产生的触地震动和飞石崩溅。

6.2 水塔拆除施工

6.2.1 对水塔拆除的施工顺序做出规定;当环境条件允许时,推荐采用牵引式整体倾倒法施工。

6.2.2～6.2.4 对水塔拆除施工前的准备工作和安全防护措施做出规定。

6.2.5～6.2.7 对牵引式整体倾倒法的施工顺序和安全防护措施做出规定。切口位置准确是保证倾倒方向不发生偏移、避免险而不倒或提前倾倒的关键,因此放线必须按设计要求准确进行。千斤顶主要是作为辅助倾倒措施。

6.2.10 在水塔倾倒范围内铺设缓冲层,主要是为了减少倾倒时与地面撞击所产生的巨响和震动,设置防震沟可以减轻对邻近建筑物的危害。缓冲材料可以选用松土、砖渣、土堤或草垫等。

6.3 栈桥拆除施工

6.3.1～6.3.3 对栈桥拆除施工的原则和拆除顺序做出规定。

6.3.5 拆除栈桥时应设专人进行安全监测,确保拆除施工的顺利进行。

6.4 非金属结构简仓拆除施工

6.4.1 对简仓拆除的施工顺序做出规定;当环境条件允许时,推荐采用牵引式整体倾倒法施工。

6.4.2～6.4.3 对整体倾倒法的施工顺序和技术要求做出规定。

6.4.5 简身拆除采用整体倾倒法时,推荐采用牵引法或单侧顶推法。

6.4.6 在简仓倾倒范围内的地面铺设缓冲层,主要是为了减少简仓倾倒时与地面撞击所产生的巨响和震动,设置防震沟可以减轻对毗邻建筑物的危害。缓冲材料可以选用松土、砖渣、土堤或草垫等。

7 拆除施工安全组织

7.1 一般规定

7.1.1 拆除施工前,对建设单位和施工单位应履行的责任和义务做出规定。

7.1.2 施工单位在编制施工组织设计和专项施工方案时,应详细查阅建设单位提供的施工资料,进行施工组织设计,包括合理安排施工顺序、计划工期,按各工序配备机械、车辆和劳动力,组织材料和劳保用品等。

7.1.3 拆除作业前和拆除过程中,项目技术人员应对参加作业的人员进行详细的技术交底;每次技术交底应有书面记录,并由交底人和被交底人双方签字确认,明确双方的责任。

7.2 拆除作业平台

7.2.1~7.2.3 对拆除作业平台的搭设和应采取的安全措施做出规定。

7.2.4 对于规模小,作业高度低的拆除施工,可采用移动式作业平台,但要确保作业平台移动到拆除作业位置后有牢靠的临时固定措施,保证拆除施工安全进行。

7.3 拆除作业

7.3.2~7.3.3 拆除作业应保证人、机械、未拆除结构的安全,并对拆除作业时应遵守的安全规定做出规定。

7.3.5 楼板拆除过程中使用机械破除时,一定要确保楼板的承载力,在按照施工方案拆除过程中,发现有失稳或承载力不足时,要停止作业,对楼板或其他构件进行加固,满足所有的施工荷载要求。

7.3.7 拆除地下工程、深基础时,可采取放坡或稳定土层的措施,并对施工周边的建筑及管线进行动态监测。排出地下水可采取井点降水、集水井等措施,地下空间也要及时回填。

7.3.9～7.3.10 拆除作业所使用的特种设备、千斤顶和安全防护材料都应符合相关要求并履行检查验收手续,验收合格才能投入使用,不能满足要求的劣质产品禁止使用。

7.3.12 冬季拆除施工受环境因素影响较大,施工前要清理积雪、冰霜,并做好防滑措施,消除环境带来的不安全因素。

7.3.13 拆除作业过程中发现不明物体(包括文物、不明管线、构件不明状态、有隐患的危险源等),应停止施工,按照相关程序上报。

8 文明施工与环境保护

8.0.1 夜间施工应采用低噪声绳锯和液压钳等施工机械,尽可能降低施工噪声;采用切割锯的发动机应使用隔音板或布进行遮挡,以防噪声扰民。

8.0.3 拆除施工前要调查周边环境,对所有的地下管线,都应在地面上设置明显标识,并且对水、电、气的检查井、污水井等可能造成损害的设施、构筑物采取必要的保护措施。

8.0.4~8.0.5 拆除施工过程中会产生大量的扬尘,对周边环境造成严重污染,所以应采取有效的扬尘防治措施,降低对周边环境的影响。

8.0.8 需要进行切割的构件,在切割区域周边应砖砌挡水墙,确保切割过程中产生的废水有组织地排出并收集处理,避免施工用水污染周围环境。

8.0.9 建筑垃圾的清运要及时,而且清运过程中要覆盖。对于暂时堆积在现场的垃圾,要用防尘网覆盖,并定期洒水保持湿润。

8.0.10~8.0.12 对拆除过程中产生的建筑垃圾和有毒、有害废弃物应进行合理有效的处理,既要保证材料的可持续回收利用,又要减少对环境的污染。

8.0.14 环境条件恶劣时,拆除施工作业会造成大量的扬尘,甚至碎渣或较小构件坠落,危险性较大。因此,在Ⅱ级以上预警或风速达到4级以上时,应停止作业,并对现场的碎渣、垃圾等洒水、覆盖。